À MESSIEURS LES MEMBRES

DU

CONSEIL D'ADMINISTRATION

DE L'INSTITUTION ROYALE ET AGRONOMIQUE

DE GRIGNON.

PAR **CAFFIN D'ORSIGNY**, L'UN DE SES MEMBRES.

Messieurs,

Les désordres récens qui viennent de porter la désorganisation au sein de l'Institut de Grignon, ont éveillé votre juste sollicitude et fixé toute votre attention ; le public agricole s'en est lui-même vivement préoccupé, et des esprits peu bienveillans, portant plus loin leurs investigations, ont soulevé des doutes sur la prospérité de la situation financière de Grignon, sur la réalité des résultats annoncés dans vos comptes et sur l'habileté de la direction imprimée à l'exploitation. La responsabilité mo-

1843

1

rale dont le Conseil de la Société de Grignon est chargé, en face des Actionnaires, en face de l'agriculture entière, nous font un devoir de rechercher ce que de pareils bruits peuvent avoir de fondé, pour démentir les faits s'ils sont faux, pour y remédier s'ils sont réels.

Mais pour moi, personnellement, permettez-moi de le dire, Messieurs, pour moi, que vous avez associé à vos travaux, non pour donner à l'établissement un haut patronage, mais pour apporter, dans la surveillance de Grignon, l'expérience d'une longue pratique agricole ; une obligation plus rigoureuse m'est imposée, laisser ces doutes sans les approfondir, ce serait trahir les intérêts qui me sont confiés, et si l'accusation était réelle, mon silence assumerait sur moi une grave complicité !

Sous l'impression de ces considérations, nous avons pensé qu'il était de notre devoir de nous livrer à un examen approfondi de la situation réelle et de là marche de l'institut de Grignon ; c'est le résultat de cet examen que nous avons l'honneur de vous présenter.

Quel est, en réalité, l'état financier de l'Institut ?

Quelles sont les causes auxquelles peuvent être dus les vices de la situation, s'il en existe ?

Quels remèdes possibles peuvent y être appliqués ?

Telles sont, Messieurs, les questions que nous nous sommes proposé de résoudre dans cet examen.

Rien de plus simple, au premier aspect, que d'apprécier la situation financière de Grignon. L'Etablissement possède une comptabilité étendue. De cette comptabilité émanent, chaque annéé, des comptes, des tableaux, des chiffres résumés, dont l'exactitude, la régularité apparente, l'exécution matérielle même sont séduisans ; mais il faut le dire, Messieurs, toute cette symétrie, toute cette régularité mathématique s'évanouissent devant le plus simple examen. Rien d'arrêté ni de suivi dans le plan ; point de spécialité dans les chapitres des comptes qui, chaque année, paraissent ou disparaissent sans motif; des contradictions choquantes; des entrées et des sorties impossibles, voilà ce qui ressort des recherches, même les moins approfondies, dans ce dédale de chiffres.

Quelques citations, Messieurs, vont vous en convaincre; nous avons rapproché dans un tableau que nous vous soumettons, tous les inventaires imprimés aux annales.

BILAN

DEPUIS LA CRÉATION DE LA SOCIÉTÉ.

	1re LIVRAISON PAGE 67 Inventaire 1er JUILLET 1828.	3e PAGE 81 Inventaire 30 JUIN 1829.	4e PAGE 144 Inventaire 1er JUILLET 1831.
Actionnaires	200,400 »	78,800 »	7,200 »
Caisse	28,977 34	273 37	11,213 42
Dernière année de fermage	»	14,400 »	14,400 »
Amélioration foncière	19,980 77	69,421 87	96,905 33
Mobilier de ferme	»	26,731 13	25,976 85
Animaux	73,963 62	39,099 37	48,414 75
Engrais	»	»	56,711 63
Avance aux cultures	35,861 35	44,327 09	»
Avance aux fabriques	»	»	»
Marchandises en magasin à la consommation	»	38,759 54	36,909 02
id. id. à la vente	»	30,138 73	9,416 38
Bois brut et ouvré	»	»	»
Pièces d'eau	»	2,285 68	6,332 56
Matériaux en magasin	»	»	1,065 85
Instrumens à la vente	»	»	12,893 63
Avance à l'école	»	»	»
Pépinière	»	»	»
Jardin potager	»	»	»
Débiteurs divers	1,193 85	7,699 04	13,366 90
Augmentation du capital des terres	4,353 18	4,444 73	11,972 06
Mobilier de la féculerie	»	»	2,058 55
Mobilier de forge et de charronnerie	»	»	3,427 25
Fécule en magasin, etc.	»	»	»
Mobilier d'école	»	»	»
Avance au champ d'école	»	»	»
Compte personnel des élèves	»	»	»
Bourses du Gouvernement	»	»	»
Bourses du département	»	»	»
Appointemens dus par le Ministère	»	»	»
	364,734 11	356,020 55	358,264 48

PASSIF.

Capital des Actions	300,000 »	300,000 »	300,000 »
Paille trouvée dans la ferme	2,210 »	3,928 86	3,928 86
Domaine privé ou loyer	7,645 83	15,291 66	30,291 66
Créanciers divers	2,945 15	4,639 01	408 35
Dividende restant dû	»	»	653 51
Employés, compte d'épargne	»	»	2,484 01
TOTAL DU PASSIF	312,800 98	323,859 53	337,746 39
EXCÉDANT DE L'ACTIF SUR LE PASSIF	51,933 13	32,161 02	20,518 09

E

5e PAGE 120 Inventaire 1er JUILLET 1832.	6e PAGE 133 Inventaire 1er JUILLET 1835.	7e PAGE 95 Inventaire 30 AVRIL 1836.	8e PAGE 157 Inventaire 1er AVRIL 1837.	9e PAGE 23 Inventaire 30 AVRIL 1838.	10e PAGE 00 Inventaire 30 AVRIL 1840.	11e PAGE 7 Inventaire 30 AVRIL 1841.
6,000 »	»	»	»	»	4,000 »	3,200 »
11,336 47	2,920 80	1,461 16	5,717 27	2,417 14	1,874 51	4,803 24
14,400 »	14,400 »	»	»	»	»	»
99,369 45	158,736 35	158,736 35	70,561 26	70,076 28	78,654 87	74,236 21
27,033 59	44,567 07	29,573 25	56,928 45	59,361 10	31,718 35	20,141 30
48,064 53	48,938 08	51,763 93	50,917 75	57,734 »	54,886 85	58,808 05
»	»	»	»	»	52,800 67	55,429 78
64,185 69	70,928 12	81,843 24	88,405 73	95,897 70	38,573 22	42,801 23
»	»	»	»	»	»	»
21,692 13	60,271 »	49,976 72	52,274 73	64,236 25	47,172 94	21,196 62
»	»	»	»	»	»	13,393 07
13,827 08	»	»	»	»	»	»
»	»	»	»	»	1,498 27	2,067 80
4,096 26	»	»	»	»	»	»
3,247 »	»	»	»	»	»	»
20,716 13	»	»	»	»	20,179 96	14,275 15
»	»	»	»	»	5,517 02	5,264 96
3,114 30	»	»	»	»	674 »	259 42
10,832 44	8,384 90	25,741 35	34,409 16	40,276 54	20,531 39	10,309 57
12,264 46	»	»	»	»	»	»
1,934 75	»	»	»	»	4,759 75	»
3,314 75	»	»	»	»	»	4,515 45
26,331 15	»	14,719 95	»	»	15,577 34	9,029 78
»	»	»	»	»	27,815 20	34,210 38
»	»	»	»	»	450 87	»
»	»	»	»	»	Le compte de cette colonne n'est pas dans les annales. Il est le relevé de l'inventaire porté sur les livres de la Société.	7,753 80
»	»	»	»	»		2,720 56
»	»	»	»	»		9,525 29
»	»	»	»	»		3,302 69
391,760 18	409,146 82	413,815 95	359,274 35	389,999 01	406,685 21	406,244 35

5e	6e	7e	8e	9e	10e	11e
307,200 »	307,200 »	307,200 »	307,200 »	307,200 »	307,200 »	308,400 »
3,928 86	3,928 86	3,928 86	3,928 86	3,928 86	3,928 86	3,928 86
37,791 66	60,291 66	67,291 66	»	»	»	»
»	16,225 95	11,652 32	24,393 12	30,572 57	»	1,808 35
3,119 81	»	4,607 71	»	»	19,563 71	21,883 71
5,496 05	»	»	»	»	4,308 53	7,498 32
357,536 38	387,646 47	395,180 55	335,522 08	341,701 43	335,001 10	343,519 24
34,228 80	21,499 85	18,635 40	23,752 27	48,297 58	71,684 11	62,725 11

Ce qui frappe à la première inspection de ce tableau, c'est, d'abord, la variation continuelle dans la spécialité des comptes; les uns, comme ceux de *bois brut*, *bois ouvré*, *matériaux en magasin*, *instrumens à la vente*, *avances à l'école*, *augmentation du capital des terres*, *mobilier de la féculerie*, etc., figurent pendant trois années, puis disparaissent entièrement, ou vont se confondre avec d'autres comptes.

Le compte *mobilier de ferme*, par exemple, se réunit, en 1835, au *mobilier de la féculerie*, dont il était distinct, et, par suite de cette jonction, le *mobilier de ferme* est porté, de 29,000 fr., à 44,000 fr., quoique cette adjonction ne doive lui apporter que 4 à 5,000 fr. de plus. En 1840, on les sépare de nouveau sans motif apparent. Le mobilier de l'école reste confondu, jusqu'en 1836, avec le mobilier de ferme; on le spécialise à cette époque, mais il ne reparaît plus en 1837 et 1838.

Les comptes *d'engrais*, *d'avances aux cultures*, *d'amélioration foncière*, *augmentation du capital des terres*, se séparent ainsi sans motif, et il devient impossible de les suivre à travers toutes ces transformations.

Certains comptes, comme le jardin, n'apparaissent qu'une fois (en 1832); d'autres, comme la pièce d'eau, ne commencent qu'en 1840. Bien d'autres anomalies plus étranges se rencontrent dans les comptes comparés d'une année à l'autre : on les voit diminuer, augmenter sans motif appréciable.

C'est ainsi que le compte d'engrais s'élève tout à coup de 40,000 fr. en cinq ans, quoique, d'après le compte matériel des fumiers, les quantités n'aient pas augmenté.

ENGRAIS de 1828 à 1841.

ANNÉES.	FUMIER D'ÉCURIE. Kilogr.	VASE. Argent.	PARCAGE. Argent.	ENGRAIS PULVÉRULENT. Argent.	ENGRAIS VÉGÉTAL. Argent.	FUMERON par ANNÉE.
1828 à 1829	2,646,000	900 »	796 »	»	»	7,851
1829 à 1830	1,854,750	»	1,562 65	340 »	»	6,501
1830 à 1831	2,676,375	»	»	»	1,042 51	7,538
1831 à 1832	2,675,625	504 »	906 42	582 58	2,806 30	7,977
1832 à 1833	3,834,250	1,010 52	35 08	5,699 55	364 33	7,558
1833 à 1834	2,947,875	7,785 81	874 10	9,026 68	975 92	8,701
1834 à 1835	1,797,750	3,245 20	525 »	6,037 43	1,036 48	5,710
1835 à 1836	1,512,375	296 76	581 65	5,605 30	1,204 43	4,087
1836 à 1837	1,967,250	531 66	980 65	7,725 21	»	5,316
1837 à 1838	2,073,375	2,111 23	186 »	7,278 74	»	5,603
1838 à 1839	2,243,625	238 97	1,342 17	4,811 89	»	6,712
1839 à 1840	2,689,500	944 48	1,259 15	4,084 94	»	7,269
1840 à 1841	2,423,625	1,719 83	1,741 84	5,083 45	»	6,550
Totaux.	30,342,375	19,288 46	10,790 71	56,275 77	7,429 97	

J'abandonne, d'ailleurs, à votre examen le reste du tableau et les résultats inexplicables de ses chiffres ; mais s'ils ne suffisaient pas pour vous convaincre de tout ce qu'il y a de décevant dans cette comptabilité, j'en appellerais aux souvenirs de ceux de nos collègues qui ont pu vérifier, tout dernièrement encore, les entrées et les sorties de l'exercice 1841-42 ; ils se rappelleront que, des mains courantes, il résultait une consommation de 26 p. 0/0 de sucre, en moins qu'il n'en était entré. En huile, de 25 p. 0/0 en plus ; en fourrages, 25 p. 0/0 de plus ; en lard, 19 p. 0/0 de moins.

Avions-nous besoin, en présence de ces chiffres, de l'aveu qui nous fut fait alors, par le comptable lui-même, que les entrées et les sorties étaient balancées, chaque année, et *arrangées* de manière à les faire coïncider entre elles, au moyen de répartitions proportionnelles. Cet arrangement ne ressort-il pas encore plus évidemment des balances elles-mêmes. Prenez les comptes de magasin, vous y verrez entrer et sortir, exactement les mêmes quantités de grains, quoiqu'il y ait eu des déchets, des criblures, indiquées dans la comptabilité. Autre preuve de l'arbitraire de tous ces chiffres : reportez-vous au compte-rendu de 1842 que nous allons discuter, vous y trouverez pour 38,000 bottes de paille, 4,600 sacs de menue paille, c'est-à-dire, 4,000 sacs, au moins, de trop ; 13,000 kilogr. d'orties, quoiqu'on ne cultive pas, que nous sachions, cette plante à Grignon. Vous y verrez encore les engrais se balancer, à un kilogramme près, sur plusieurs millions de kilogrammes, et dans ces engrais, brouettes et fumerons de fumier de bœuf, de cheval, de mouton, de vache, de vase, évalués au même poids, malgré la différence énorme de qualité, sous le même volume.

C'est donc un fait bien démontré que la comptabilité elle-même, la seule source où nous puissions puiser nos argumens, est inexacte et fictive ; quoique régulièrement exécutée par le comptable, mais sur des élémens fournis par le Directeur, et altérés dans un but et des intérêts particuliers.

Vous comprendrez dès lors, Messieurs, que l'examen que nous avons fait est nécessairement incomplet ; que si nous avons découvert des erreurs et des pertes, nous sommes resté forcément en deçà même de la vérité ; que l'inventaire de 1843 et le compte-rendu de la même année pourraient, seuls, éclairer, mais à cette condition, cependant, que vous prendriez la mesure que nous avons toujours proposée : que vous placeriez la comptabilité tout-à-fait en dehors de la direction, et que vous feriez, vous-mêmes, l'inventaire annuel.

Quoi qu'il en soit, ces préliminaires posés, nous entrons dans l'examen de la situation financière de Grignon.

L'actif se composait, d'après l'inventaire de 1842, ainsi qu'il suit :

ACTIF.

Mobilier.	28,401	48
Animaux.	63,748	10
Denrées destinées à la vente.	12,670	20
id. id. à la consommation	14,788	96
Engrais enfouis antérieurement à l'exercice, ci . . . 29,038 55		
Engrais enfouis pendant l'exercᵉ. 24,120 55	53,159	10
Avance aux cultures.	38,634	03
Améliorations foncières reçues . 33,061 26		
id. non reçues. 36,368 50	69,429	76
Mobilier des fabriques.	4,313	»
Denrées destinées à la vente.	18,606	80
id. id. à la consommation	12,203	96
Avances aux pièces d'eau	1,768	»
id. au jardin potager.	1,003	15
id. à la pépinière	6,407	75
Mobilier d'école	35,472	85
À REPORTER.	360,607	14

Ci-contre.	360,607	14
Pour couvrir les pertes d'école.	12,051	80
Caisse	5,446	04
id.	15	62
Dû par les Actionnaires	2,400	»
Bourses du Gouvernement	3,631	28
id. du département	5,002	65
Elèves, compte personnel	10,278	95
Frais d'instruction	13,217	37
Divers débiteurs	793	21
Total.	413,443	96

PASSIF.

Capital des Actions	307,600	»	
Paille trouvée dans la ferme. .	2,928	86	
Dividendes autorisés.	19,627	71	
Employés, compte d'épargne. .	5,988	28	
Professeurs soldés.	1,335	38	
Total.	338,480	23	338,480 23
Excédant de l'Actif.			74,963 73

De cet état ressort donc un excédant, en actif, de 74,963 f. 73.
Eh bien! Messieurs, cet excédant n'a rien de réel, et ne
s'est créé qu'à l'aide de valeurs fictives.

Parmi ces valeurs, la plus importante est celle des engrais,
dont le chiffre s'élève à 53,159 fr. Nous n'examinerons pas si,
en effet, le sol renferme une telle masse d'engrais; c'est là un
fait plus que douteux. En effet, si nous jetons un coup-d'œil sur
les exercices antérieurs, nous trouvons pour 1831, par exemple, 56,000 fr. d'engrais et d'avances aux cultures confondus
ensemble. Le chiffre des avances aux cultures (labours, se-
mences, etc.) était, à cette époque, aussi élevé, sans doute,
qu'il l'est aujourd'hui, 38,000 fr., environ : restaient donc au

compte d'engrais 17,400 fr., environ, chiffre qui s'élève aujourd'hui à 53,159 fr.

Le 30 avril 1838, le besoin de présenter un capital, qui était nécessaire à l'actif, fit imaginer de porter le prix des fumerons au double de sa valeur, c'est-à dire de 1 à 2 fr. ; le parcage, de 100 à 200 fr. l'hectare. On double de même le prix des *vases* et autres engrais; de là, une valeur fictive à vos inventaires, et de plus de 100 p. 0/0 (1). On fait plus encore, on prolonge indéfiniment la durée présumée des engrais enfouis, et cela à un tel point, qu'on porte encore comme valeur des fumiers qui sont dans la terre depuis neuf ans. Cependant, depuis cette époque, c'est un fait remarquable que la masse des engrais a toujours diminué à Grignon. La moyenne triennale de ces engrais s'établit ainsi, d'après l'état dressé sur les livres de l'établissement :

De 1829 à 1831 . . . . 7,177,125 kilog.⎫
De 1831 à 1834 . . . . 8,457,745 ⎬ 15,634,870 kilog.

De 1834 à 1837 . . . . 5,277,375 ⎫
De 1837 à 1840 . . . . 7,600,500 ⎬ 12,283,275 kilog.

Il en est de même des matériaux d'engrais ; la paille, en 1842 se réduit à 38,000 bottes. Comment donc accorder deux faits aussi contradictoires ?

La comptabilité va nous expliquer encore cet étrange résultat. Mais là, du reste, n'est pas la question ; le chiffre d'engrais, fût-il même réel, ne pouvait être présenté comme un actif, d'après les usages ordinaires des baux.

La ferme, en effet, Messieurs, était empaillée, c'est-à-dire pourvue de ses pailles et fumiers, rien n'a été distrait par les fermiers, pas même les menues pailles; elle doit être rendue de même. Nous voyons figurer, à la vérité, au passif, un arti-

(1) Nous lisons dans les comptes, année 1837, 5,246 fumerons est. 5,246 fr. et l'année suivante. . . . . : 5,529 fumerons est. 11,058 fr.

cle de 2,928 fr., pour paille trouvée dans la ferme ; mais une enquête auprès des anciens fermiers nous a fait découvrir que cette somme leur avait été comptée, non pour la valeur des fumiers, mais seulement pour le droit de consommation de la paille.

Dira-t-on, comme nous le voyons écrit dans les annales, X^e livraison, page 45, que c'est une richesse qu'on consommera, qu'avant la fin du bail on épuisera le sol. Votre loyauté, Messieurs, se révolterait devant un pareil argument ; vous savez trop que vous devez à la Liste civile la ferme en bon état ; que vous devez à l'agriculture l'exemple d'une exploitation améliorante. Mais nous venons de l'établir, d'ailleurs ; il n'y a dans le sol qu'une richesse à peine normale pour une culture ordinaire. Il y a plus, si ce système de culture continue, avant peu, les terres, par l'abus des prairies artificielles, deviendront impropres à ce produit, ce qui se fait déjà sentir d'une manière prononcée.

Première valeur, donc, à rayer de l'actif : 53,159 fr. 10 cent.

Près de cette somme, nous en trouvons, sous le titre d'améliorations foncières, une autre de 69,429 fr., dont 36,368 fr. ne sont pas encore reçus par la Liste civile. Ne craignez-vous pas, Messieurs, que des objections soient, comme lors de la première réception, élevées par le domaine, et des réductions opérées par lui dans le chiffre de ces améliorations ?

Il nous est impossible de passer en revue toutes ces améliorations, mais, par celles qui figurent au compte de 1842, nous pouvons peut-être les apprécier, et quelques appréhensions s'élèveront dans vos esprits sur leur acceptation. Nous lisons.

Par exemple :

Fenêtres bouchées en pisé ;

Mangeoires doublés de zinc. 188   »

Barrières posées dans les pépinières. .   69   »

Réparations aux chemins. 931   »

Sont-ce là réellement des travaux qui aient le caractère de fixité et de durée qui en font des améliorations foncières ? Dans

20 ans, que restera-t-il des plaques de zinc, du pisé et des pierres que vous avez jetées sur le chemin ? Si telles sont les améliorations représentées par les 36,368 fr., ne pensez-vous pas qu'il est prudent de ne faire figurer, jusqu'à nouvel ordre, dans votre actif, que comme mémoire, une valeur aussi éventuelle ?

En poursuivant notre examen, nous trouvons encore, parmi les dettes actives, 14,000 fr. pour créances irrécupérables, qui ne peuvent évidemment figurer à l'actif d'une manière sérieuse. Ces trois articles, seuls, présentent donc une réduction, certaine pour les uns et éventuelle pour les autres, de 103,527 fr.

Restent trois articles qui composent à peu près l'inventaire mobilier, ce sont :

Les mobiliers	68,187	33
Les magasins	58,269	76
Les animaux	63,848	10
Ensemble.	190,305	19

Il nous est fort difficile, Messieurs, de juger de la réalité de ces chiffres, les inventaires seuls pourraient nous éclairer sur ce point, mais ces inventaires, faits sans contrôle, sous une direction dont l'intérêt est d'exagérer les valeurs, ne nous donneraient encore que des lumières trompeuses ; cependant nous avons pu juger par nous-mêmes que les prix portés aux inventaires étaient enflés outre mesure.

La même observation a lieu pour les animaux : les chevaux, vieux pour la plupart, sont cependant évalués, en 1842, au même prix, à peu près que l'année précédente. 18 chevaux n'ont supporté d'une année à l'autre qu'une moins-value de 36 francs. Les bœufs sont estimés 400 fr. environ ; les vaches et les veaux sont évalués à une moyenne de 313 fr. 60 c. ; quelques bêtes sont portées même à 600 fr., et nous voyons des élèves de 17 jours à 70 fr. ; tel autre de 45 jours, 95 fr., un autre de deux mois, 110 fr. ; un autre de 7 mois, 200 fr.

Nous voyons le troupeau de moutons estimé un tiers de plus que sa valeur réelle.

Nous possédons une estimation des animaux de Grignon, faite par des cultivateurs distingués, qui est inférieure de plus de 17,000 fr., à celle de l'inventaire même de la direction, environ 40 p. 0/0 de moins.

Si nous ne craignions d'abuser de vos instans, nous vous citerions des articles mobiliers, estimés plus cher que s'ils étaient neufs ; une quantité plus considérable d'objets inutiles, sans valeur ; ceux utiles, même, sont en tel nombre, qu'ils dépassent trois fois les besoins.

Enfin, les marchandises en magasin sont, dans la plupart des inventaires, exagérées en valeur, de telle manière, pour présenter un actif plus élevé, que, chaque année, il se trouve des déficits à la sortie. C'est ainsi que nous trouvons aux pommes de terre 634 hectolitres, et aux betteraves 18,492 kilogrammes de moins ; au bois en magasin 1,243 francs de perte. Il demeure démontré pour nous, que les évaluations des inventaires sont enflées de plus de 20 p. 0/0. Donc, si nous réduisons, suivant cette proportion, les 190,305 fr. des inventaires, nous aurons à diminuer encore de l'actif 38,000 fr., au moins, somme qui serait infiniment plus considérable, si on devait liquider ces valeurs.

Nous pourrions ajouter à tous ces actifs fictifs ou douteux 1,768 fr., pour avances aux pièces d'eau, empoissonnées lors de l'entrée en jouissance, et qu'on doit rendre comme on les a reçues ; 1,003 fr. d'avance au jardin potager, valeur qui surgit cette année, et qui n'existait pas aux derniers inventaires ; 2,400 fr. dus par les actionnaires ; mais nous nous bornons aux chiffres qui précèdent, lesquels chiffres nous étonnent d'autant plus, que l'on a imprimé dans la Xme livraison, page 23, qu'il est fait sur le mobilier mort une réduction annuelle de 20 p. 0/0, tandis que nous trouvons des objets mobiliers, portés plus haut que s'ils étaient neufs.

Ces 141,528 fr., déduits de 413,443 fr. montant de l'actif supposé, resterait d'actif réel 271,917 fr.

Or, le passif est, suivant l'inventaire même, de 338,480 fr,

15

23 c., auquel on doit ajouter 12,000 fr. de dividende offerts par le directeur, pour 1841, soit 350,480 fr.

A déduire de l'actif réel de 271,917 fr., reste un déficit de 78,563 fr., au lieu d'un bénéfice de 74,963 fr. ; différence, 153,126 fr.

Tel est, Messieurs, le tableau réel de la situation financière de Grignou, et je crois plutôt en avoir affaibli que chargé les tristes couleurs. Cet état de choses ne doit pas vous surprendre, Messieurs ; depuis la création de l'établissement, c'est l'histoire de chaque exercice ; et, chaque année, nous avons appelé l'attention du conseil sur la marche décroissante de notre capital ; car, ce n'est plus seulement une somme de 78,000 fr. qui a été engloutie depuis 1828 par l'exploitation. Voici une note irrécusable ; elle porte l'indication fidèle des livres de comptabilité d'où elle a été tirée.

L'exposé de la formation du capital, de 1826 au 30 avril 1841, nous apprend, qu'indépendamment des 300,000 fr. du fonds social, l'actif de la société s'est encore accru.

1° De 104,463 fr. 52 c. de divers dons faits à l'établissement;

2° De 92,080 fr. 22 c. de dividendes abandonnés par les actionnaires à l'exploitation, pour accroître ses moyens ; sommes qui, ajoutées aux 78,563 fr. de déficit, portent les pertes de l'établissement à la somme de 275,106 fr. 74 c.

EXPOSÉ DE LA FORMATION DU CAPITAL,

depuis 1826, inclusivement, jusqu'au 30 avril 1841.

	Capital versé par MM. les Actionnaires..		304,000 »
	Intérêts de ce capital à 4 p. 0/0 l'an, au 30 avril 1841....................................	153,559 40	
	A déduire pour dividende payé do	61,478 18	
	Reste en intérêts capitalisés.	92,081 22	92,081 22

APPENDICE AU CAPITAL

formés par les dons faits à l'Institution et qui ont été considérés comme bénéfices dans la passe des écritures.

Grand-livre A, fo 287.	Reçu du fermier sortant une année de fermage et pot-de-vin...........................	15,609 05	
do. . . . . 131.	Chasse de 1826 à 1827, excédant de la recette sur la dépense........................	642 15	
do. . . . . 275.	Pêche do do do do	2,984 98	
do. . . . . 261.	Don de M. Caffin d'Orsigny, 5 brebis..	90 »	
	Du même, un manége de féculerie (porté nulle part), dont la Liste civile a tenu compte, lors de la réception des améliorations, évalué..	400 »	
do. . . . . 261.	Don du Roi en 1827, 2 béliers Naz...	2,000 »	

COUPES EXTRAORDINAIRES DE BOIS.

Grand-livre A, fos 52 à 62.	30 juin 1827, excédant de la recette sur les frais d'exploitation...................		21,705 »	
	31 mai 1828, do do do		38,228 18	
	30 juin 1829, do do do		20,003 88	
			79,937,06	
A DÉDUIRE :	Le montant net de deux coupes ordinaires sur la moyenne des coupes des trois années suivantes...................	2,951 63		
	Bois employé aux améliorations...................	13,705 22	16,656 85	
	Reste net.		63,280 21	63,280 21

Grand-livre B, fo 203.	30 juin 1830, vente de 12 orangers...	480 »	
	Excédant sur les sommes versées par les élèves pour droits d'entrée et d'indemnité de linge, déduction faite de l'entretien et amortissement du mobilier..........................	8,250 06	
	Mobilier figurant à l'actif acquis avec une partie des fonds accordés par M. le Ministre de l'Agriculture..	6,818 23	
		100,534 66	100,534 66

	Paille et fumier trouvés dans les cours et granges, non compris celui déjà enfoui par le fermier sortant..		3,928 86
	Mobilier appartenant à la Liste civile, non compris dans l'inventaire..........................		10,307 15
	TOTAL GÉNÉRAL.		510,851 89

Pour être exact dans nos calculs, il faudrait encore joindre à ces pertes tout ce que, dans des conditions ordinaires, le domaine de Grignon aurait pu produire pour le propriétaire et le fermier. Si nous consultons pour cet effet le revenu du domaine de Grignon avant l'acquisition faite par le domaine du Roi, nous voyons que 251 hectares de terres étaient loués 20,198 fr. de prix principal et faisances ; ce qui fait 80 fr. 47 l'hectare, ainsi qu'il est détaillé ci-après :

1° Bail à Mme Vavasseur , 251 hectares loués pour 14,400 fr., ci			14,400 »
2° Impôts.			2,900 »
3° Faisances :			
400 bottes de paille	100	»	
12 septiers d'avoine	300	»	
1 id. de noix.	18	»	
50 paires de pigeons.	50	»	
12 septiers de blé	300	»	
Voitures nécessaires aux réparations. .	300	»	
Voit^{res} à Versailles ou Paris, pour foin.	180	»	
4 journées de voitures à 4 chevaux. . .	120	»	
Soins à donner aux vaches	400	»	
Charrois et débardage p^r la M^{on} la M^{cle}.	400	»	
Remplissage de la glacière.	300	»	
Transport du linge au lavoir.	100	»	
Charrois de pierres pour les chemins. .	90	»	
3 voitures de bon fumier.	90	»	
Cult^{re} de 2 arp. de terre p^r la M^{on} la M^{cle}.	150	»	
Ensemble.	2,898	»	2,898 »
Total égal.			20,198 »

La pêche des étangs se vendait tous les trois ans 5,000 fr., environ ; le tiers est de. 1,666 66

La vente annuelle des bois s'élevait, en moyenne. 7,000 »

A reporter. 28,864 66

2

CI-CONTRE.	28,864	66
La haute futaie estimée 146,700 fr. divisés par 60 donne un revenu de.	2,445	»
Réserve de 30 hectares 9 ares, de pré, terre, etc.	2,000	»
Jouissance du château et jardins, estimée	2,000	»
La chasse, évaluée.	1,500	»
TOTAL.	36,809	66

A DÉDUIRE :

Réparations annuelles, estimées. . . .	1,000	»		
Portier.	800	»	,000	»
Garde	700	»		
Impositions., 3,500 fr., environ, ci. .	3,500	»		
RESTE.			30,809	66

A cette époque, le prix du loyer et des accessoires était perçu annuellement, tandis qu'aujourd'hui il est employé en améliorations foncières qui profitent à la Société pendant sa jouissance.

Si l'on considère que la valeur locative a augmenté partout en raison de l'augmentation des capitaux ou des valeurs représentatives, ainsi qu'on le reconnaît par l'augmentation du prix des terres et la hausse toujours croissante des fermages, on est porté à croire que la terre de Grignon a aujourd'hui une valeur de 90 fr. de loyer par hectare, comme le Directeur l'a énoncé dans la Xe livraison des annales, page 51 (1). Mais ce n'est pas l'amélioration des terres qui aurait apporté cette augmentation de 10 fr., ce n'est que l'augmentation progressive survenue sur toutes les propriétés, ainsi que nous venons de l'exprimer plus haut.

(1) Il y a une erreur dans les annales : Mme Vavasseur rendait 20,198 fr., loyer ; impôt et faisances, pour 251 hectares ; ce qui fait 80 fr. l'hectare, au lieu de 50 fr. portés aux annales. M. le Directeur, qui avait connaissance de ce fait, aurait dû être plus exact. Ainsi disparaît, en partie, toute l'économie de la page 51 desdites annales.

Nous vous prions encore d'observer que Mme Vavasseur a joui de trois baux de la grande ferme, sans augmentation de loyer.

Le loyer actuel de Grignon se réduit, vous le savez, Messieurs, à 300,000 fr. d'améliorations foncières, qui, répartis sur les 40 années de jouissance, forment un fermage de 7,500 fr. par an ; mais nous admettrons, comme la comptabilité de Grignon, qu'on doit ajouter à ce fermage les charges accessoires qui l'aggravent ; nous prendrons même les chiffres de cette comptabilité, nous dirons :

Prix principal du bail.	7,500	»
Entretien des bâtimens et murs.	3,308	72
Entretien des chemins.	809	26
Frais d'institution.	5,670	70
Plantations et regarnis des bois.	394	81
Contributions.	4,448	12
TOTAL DU FERMAGE ET ACCESSOIRES.	19,131	61

EN RÉSUMÉ :

La propriété de Grignon rapportait, avant la jouissance de la Société. . . . . BRUT... 36,809 fr. et NET... 30,809

Depuis la jouissance de la Société, elle rapporte ou elle est louée . . . . BRUT... 19,131 fr. et NET... 7,500

Si l'on avait loué le domaine de Grignon à un fermier ordinaire, on aurait touché annuellement de ce fermier un loyer de 30,809 fr.

Multiplions ce loyer par 15 années de jouissance, nous aurons un total de	462,135	»
Nous aurions aussi les intérêts à 4 p. 0/0 l'an.	18,485	»
Il y aurait encore à ajouter le bénéfice du fermier qui, suivant cet ancien adage : Dans une bonne culture, il y a 1/3 pour les frais, 1/3		
A REPORTER.	480,620	»

	Ci-contre.	480,620	»
pour le propriétaire, 1/3 pour le fermier, l'on aurait encore une somme de		462,135	»
Ce même fermier aurait aussi apporté son capital d'exploitation de 300,000 fr.; les intérêts de ce capital se comptent ordinairement de 8 à 10 p. 0/0; portons-le seulement à 5 p. 0/0, nous aurons pour 15 ans.		225,000	»
	Total..	1,167,755	»

C'est bien cette somme de 1,167,755 fr. qu'aurait obtenue un fermier qui aurait fait seulement de la culture ordinaire, comme on la fait dans cette contrée.

Consultons, par exemple, Mme Vavasseur, elle n'a réellement eu que la jouissance de la ferme extérieure, qu'elle n'a quittée qu'en pleurant, parce qu'avec sa bonne culture, son ordre et sa sévère économie, elle a élevé et bien établi cinq enfans, et elle y a amassé une fortune honorable, dont l'importance est proportionnellement plus considérable que le tableau que nous vous présentons.

Ainsi, l'on peut dire, sans crainte d'être taxé d'exagération, que les Actionnaires auraient aujourd'hui en caisse 1,167,755 f. s'ils avaient conservé l'ancien fermier, au lieu de M. Bella, directeur; et si l'on avait confié l'école à un Directeur *ad hoc,* comme le voulait judicieusement M. Polonceau, cette école, au prix actuel de la pension, aurait aussi donné, de son côté, des bénéfices considérables.

Si, en quinze ans, l'exploitation, avec tant de ressources, a englouti un capital aussi énorme, que ne devons-nous pas redouter pour l'avenir?

En face d'un si grand déficit, on se demande quelles causes ont pu le faire naître. Ces causes, je n'ai pas la prétention de vous les faire connaître tout entières; il faudrait pour cela des recherches et des travaux, auxquels je n'aurais pas le courage de me livrer, lors même que les élémens de ces investigations seraient entre mes mains. Cependant, j'ai cru, dans l'examen seul de la comptabilité dont le résumé vient de vous être remis, avoir rencontré la source première du mal.

Trois causes principales paraissent avoir concouru à produire cette situation fâcheuse de l'exploitation :

1° Les dépenses excessives de la culture ;

2° Les vices des assolemens et des spéculations ;

3° Le défaut d'ordre et de prévoyance.

Nous ne serons pas embarrassé de signaler les dépenses excessives :

On les trouve, en quelque sorte, à chacun des chapitres ; mais le compte de main-d'œuvre et celui d'employés sont ceux où cette exagération de frais est la plus évidente.

Si l'on décompose le chiffre énorme de 27,000 fr. qui forme le solde de la main-d'œuvre, on arrive à un nombre presque incroyable d'ouvriers journaliers : 75 par chaque jour de travail de l'année.

Les employés, parmi lesquels ne sont pas classés les gardes et concierges, ne forment pas moins de trente-neuf têtes, ensemble 114 personnes employées par jour. Comment s'étonner ensuite de trouver aux frais de culture pour 280 hectares, dont 127 en prairies naturelles, artificielles et gazons, 62,162 fr. ? Faut-il descendre dans les détails ? Nous voyons partout se reproduire cette dépense exagérée : pour les bœufs et les chevaux, au nombre de 33, le pansage seulement absorbe une somme de 2,260 fr. ; la volaille, qui produit brut 600 fr., est débitée de 552 fr., pour les soins d'une fille de basse-cour seulement. Prenons un autre exemple dans les cultures spéciales : *l'avoine de la* 1re *Division ;* les seuls frais de récolte et de moisson s'élèvent à 38 fr. par hectare, tandis que dans nos fermes 18 à 20 fr. paient ce travail.

Vous parlerai-je encore d'un compte de balais où se trouvent, en deux articles, 102 fr. 30 c., seulement pour la façon. Or, comme cette façon est de 3 centimes, au plus, il s'ensuivrait que 3,410 balais auraient été employés, cette année, dans la ferme. Puis ; vient enfin la pharmacie qui fournit pour les animaux, seulement, 500 fr. de médicamens : c'est une exagération des quatre cinquièmes.

La main d'œuvre, du moins, est-elle employée avec sagacité ? produit-elle une valeur ? On doit en douter quand on lit au compte de basse-cour que des fumiers de cour ramassés et mis en tas ont coûté, en manipulation, 2,718 fr. Or, le fumier remassé n'a produit, suivant la comptabilité, au prix forcé de 2 fr. le fumeron, que 2,718 fr., somme exactement égale (la coïncidence est par trop bizarre pour que nous n'y voyions pas encore une manœuvre de la comptabilité) (1). Mais en acceptant même ce fait, il en résulterait que, loin de créer, on est parvenu à absorber une valeur par le travail.

C'est sans doute là, Messieurs, un grand vice dans l'exploitation que cette main-d'œuvre inutile, et à elle seule elle justifierait le reproche de mauvaise administration que nous croyons devoir adresser à la Direction, mais les spéculations malheureuses, les résultats incroyables de certaines cultures démontrent encore combien ces reproches sont fondés.

Tous les bestiaux, les porcs exceptés, donnent de la perte : bêtes à laine, 4,000 fr., et cela indépendamment de 1,000 fr. environ de sinistres (2) ; les vaches, perte, 5,000 fr. Comment s'expliquer un tel résultat ; selon nous, c'est qu'on a voulu faire de la vacherie un objet de luxe, on a voulu créer ou plutôt naturaliser une race, aujourd'hui, du reste, délaissée en France. On a voulu, à tout prix, que cette race attirât l'atten-

____

(1) Nous pourrions citer aussi la même chose à l'égard des bœufs, car nous voyons par le tableau de leur dépense et de leur produit, depuis 1829 jusqu'en 1839, qu'ils ont dépensé, chaque année, en nourriture et en soins, une somme exactement pareille au produit de leur travail, calculé à raison de 30 centimes l'heure. Cette coïncidence qui se répète tous les ans, à un centime près, nous prouve jusqu'à l'évidence qu'elle se rattache à la même manœuvre.

(2) Les moutons, source de richesse pour les cultivateurs de la contrée, ont occasionné, pendant dix ans, une perte de 59,963 fr. 50 c.

tion publique. On a fait, chaque année, des acquisitions oné-
reuses parmi les plus belles de Schwytz (en 1841, on en voit encore douze, achetées 532 fr.). Quoique la vacherie doive se
suffire à elle-même par son croît, on a forcé en nourriture pour
donner à ces bêtes une belle apparence, et l'excès de nourriture, joint à une stabulation rigoureuse, a amené, dans la vacherie, la stérilité à ce point qu'on ne compte cette année que
vingt naissances.

Il n'est pas jusqu'à la volaille qui ne donne des pertes; il est
vrai que les poules de Grignon produisent trois fois moins que
dans les exploitations ordinaires.

La perte sur les moutons est d'autant plus remarquable
que 204 ont été vendus à l'école 1 fr. 20 c. le kilogramme, beau-
coup plus que leur valeur, ce qui dissimule une grande partie
du déficit.

Mais les pertes les plus extraordinaires sont celles présen-
tées par les prairies naturelles et les bois : 19 hectares 85 c.
de prairies sont en perte de 1,023 fr. 61 c., cependant le produit moyen par hectare est satisfaisant. Ce fait étrange ne s'ex-
plique que par les frais excessifs d'irrigation qu'on voit figurer
pour 877 fr., quoique le système d'irrigation soit établi depuis
long-tems (1); et surtout par les dépenses de fauchage et de
récolte : si nous refaisons, en effet, le compte, pour le mettre
en harmonie avec les dépenses ordinaires de la localité, nous
trouvons un bénéfice de 1,800 francs au lieu d'une perte de
1,023 fr. 61 c.

Quant à la perte sur la coupe de bois, comment l'expliquer,
surtout après les pompeuses annonces qui vous sont faites chaque année d'amélioration de bois, de repeuplemens, etc., etc.

Ces améliorations sont-elles bien réelles? S'il est vrai que

(1) Nous remarquons que la dépense des rigoles et sangsuraux établis
pour le service des irrigations, ne figure pas dans ces comptes, et qu'elle
est, au contraire, portée, chaque année, au compte des améliorations foncières.

les moutons, comme on nous l'a assuré, vont pâturer dans certaines parties de ces bois ; si les herbes et les feuilles en sont en-
levées pour litière. Enfin, la cause première de cette perte ne
serait-elle pas encore ici dans ces 425 fr. de frais de débar-
dage, frais qui ne doivent pas, d'ordinaire, dépasser le cin-
quième des frais de coupe, qui s'élèvent ici à 666 fr. 95 cent.,
ainsi que les frais d'ébourgeonnage qui montent à 296 fr. 47 c.,
car on ne doit pas compter les dépenses d'améliorations et de
repeuplemens, puisqu'elles sont portées à un autre compte ?

En face de toutes ces pertes, qu'on ne saurait se dissimuler,
ne faut-il pas reconnaître qu'il existe un vice dans l'assolement
suivi ? La crainte d'abuser de vos momens nous a interdit un
examen étendu de l'assolement et de ses produits depuis 15 ans.
Cette tâche est facile ; deux rotations, en effet, se sont écou-
lées ; les immenses résultats que vous promettait le Directeur,
se sont-ils réalisés ? La terre devait arriver à un tel état de
fécondité qu'elle suffirait, suivant lui, aux récoltes les plus
épuisantes ; que ses produits devraient alimenter facilement une
tête de grand bétail par hectare, et rendre à la terre des masses
d'engrais décuples.

Au lieu de tout cela, Messieurs, que se passe-t-il aujour-
d'hui ? La fécondité est inférieure à ce qu'elle était à l'origine
de l'assolement ; nous espérions vous en convaincre par le tableau synoptique des récoltes, depuis 1830 jusqu'à ce jour ;
mais nous n'avons pu obtenir de M. le Directeur que des pro-
messes qu'il n'a pas réalisées, dans la crainte, sans doute, de
fournir lui-même une preuve irrécusable de la décroissance
annuelle des produits ; nous avons vu la récolte en terre : les
trèfles n'ont pas réussi, les herbes donnent peu, car la terre en
est lasse ; on a peu de bestiaux de plus qu'en 1833 ; encore,
pour les nourrir, n'a-t-on pas acheté, en 1840, plus de 4,400 hectolitres de pommes de terre : la pomme de terre, providence
des animaux de Grignon, dont les chevaux eux-mêmes s'ali-
mentent en partie.

Quant à ces masses d'engrais, vous savez à quoi vous en te-

nir; vous savez quelles quantités de vase, d'engrais pulvéru-
lens viennent encore en aide à la culture; vous savez par quel
artifice on a donné aux engrais une apparence d'accroissement,
c'est d'abord en les portant au compte à un prix exorbitant: le
pacage, par exemple, deux cents fr. l'hectare; c'est aussi en
doublant le prix du fumier; c'est encore en prétendant arbi-
trairement faire durer, pendant quatre années, des engrais
dont toute l'action s'épuise réellement deux tiers la première
année et un tiers la seconde.

Mais pour démontrer les vices de l'assolement, je ne veux
que vous rappeler ce fait : c'est que sur 280 hectares, 126 sont
en diverses prairies, et cependant nous trouvons 4,000 fr. de
perte sur les fourrages annuels..... Nous ne parlons pas des
trèfles qui ne réussissent qu'exceptionnellement à Grignon.

A ces dépenses excessives, aux vices d'assolement, nous
avons dit qu'il fallait ajouter ceux d'ordre et de surveillance.

Cette accusation ne ressort-elle pas déjà de la plupart des
faits que nous avons cités, comme preuve du désordre de la
comptabilité. Ces 26 p. 0/0 de sucré en moins; ces 27 p. 0/0
d'huile en plus; ces 4,000 sacs de menues pailles; ces 3,410
balais; ces 500 fr. de médicamens pour les animaux seulement;
toutes ces dépenses de détail, qui ne sont que des misères peut-
être aux yeux de l'agriculture transcendante de Grignon, sont
celles dans lesquelles se résument, presque toujours, les profits
ou les pertes d'une exploitation rurale ordinaire.

Jusqu'ici, Messieurs, nous ne vous avons parlé que de la
ferme; mais il est une autre partie de l'Institut qui ne mérite
pas moins votre attention, et qui, dans les circonstances pré-
sentes, doit vivement vous préoccuper; vous comprenez que je
veux parler de l'école d'agriculture.

L'école qui, dans le principe, ne devait être qu'un acces-
soire à l'exploitation, en est devenue, en quelque sorte, aujourd'hui, le principal; c'est par elle, avant tout, que le public agricole connaît Grignon; c'est à cause d'elle qu'il s'inté-
resse à la marche de l'Institution; c'est par l'école que

l'Institution prend ce haut caractère d'utilité publique qui la place parmi les premiers établissemens d'instruction professionnelle. L'école est encore la source des faveurs que le Gouvernement a déversées sur Grignon. J'irai plus loin, Messieurs, je dirai que l'école est le pivot de l'Institution, et qu'elle vient en aide à la culture; j'ai besoin d'insister sur ce second point, parce que la Direction nous a présenté, jusqu'à ce jour, l'école comme un embarras, et même comme une charge. Il est vrai qu'au moyen d'une comptabilité subtile, on a toujours fait balancer en perte le compte de l'instruction.

Par suite de quelles circonstances une telle erreur s'est-elle accréditée?

C'est, d'une part, que la comptabilité a fait supporter à l'école une partie des frais de la ferme;

De l'autre, que, par suite du même défaut d'ordre et d'économie que nous avons déjà signalé dans les autres branches de l'administration, les frais de nourriture et d'entretien des élèves ont été portés hors de toute limite raisonnable.

Vous savez, Messieurs, que le prix de la pension est, à Grignon, de 850 fr. par an, et que l'élève paie, en outre, un droit d'entrée et de literie de 180 fr. Eh bien! ce prix de pension est insuffisant pour balancer les frais seuls de nourriture et d'entretien. Le chiffre de ces frais, en effet, n'est pas de moins de 2 fr. 40 c. par tête et par jour. Souvent, Messieurs, vous avez témoigné votre surprise à la vue d'une telle dépense; on a, pour vous répondre, objecté l'âge des jeunes gens et le voisinage de Paris; l'on nous a renvoyé même aux Instituts d'Allemagne. Nous avons voulu répondre à ces objections par des faits; nous avons cherché deux établissemens d'instruction, placés dans des conditions à peu près identiques à celles de Grignon. L'école de Saint-Cyr et celle d'Alfort nous ont paru être dans ce cas. Or, savez-vous, Messieurs, à quelle somme s'élèvent les frais de nourriture et d'entretien d'un élève, pour une année?

Cés frais sont :

A Grignon , de.	876 »
A Alfort , de.	350 »
A Saint-Cyr , de.	526 03
Différence de Grignon à Saint-Cyr.	350 »

Nous ne voulons pas d'autre preuve, Messieurs, du vice de l'administration de l'école de Grignon, que ce simple rapprochement. Nous nous abstiendrons de chercher d'autres causes à la persistance que met le Directeur à vous présenter cette école comme une charge onéreuse à l'Institution, quand vous voyez déjà que sur le prix de la pension de chaque élève, il serait facile de trouver 300 fr., au moins, de bénéfice, sans compter les profits que la ferme doit tirer des denrées de consommation qu'elle fournit à l'école, comme vous allez en juger tout-à-l'heure.

Parmi les 18,000 fr. de frais généraux qui figurent à ce compte, vous remarquerez, Messieurs :

1º Une somme de 6,336 fr. 84 c., composée de la participation qu'on impose à l'école dans les frais d'état-major, de bureaux, dans les frais généraux de la ferme et ceux de gardes et concierges, etc. Avant l'institution de l'école, ces frais étaient les mêmes, la ferme les supportait seule ; depuis la venue des élèves ils ont été mis à la charge de ceux-ci : c'est évidemment 6,336 fr. 84 c. dont la ferme est déchargée par l'école, c'est un bénéfice qu'elle tire de sa création. . . . . . | 6,336 84

Mais l'école a produit surtout, pour la ferme, cet immense avantage de lui amener sur place des consommateurs de ses denrées ; les objets vendus par elle aux élèves montent, d'après le compte de ménage, à 9,507 fr. 92 c., savoir :

Pommes de terre et légumes	722	45
Haricots	164	76
Farine	124	73
Lait.	1,382	90
Beurre	234	50
Fromage	937	30
Viande	3,044	05
Lard, graisse, saindoux	926	»
Poisson de l'établissement.	133	20
Cidre.	20	60
OEufs et volaille	266	42
Gibier	211	35
Fruits.	1,239	66
Somme égale.	9,507	92

Telle est l'importance des rapports commerciaux de la ferme à l'école ; mais veut-on maintenant apprécier les avantages réels de ces rapports pour la ferme ? Il suffit de demander à quel prix l'école achète les produits de l'exploitation. Nous vous avons déjà indiqué plus haut une vente de 204 moutons à 1 fr. 05 c. ; c'est l'occasion d'y revenir ici. Il est de notoriété publique que les moutons tués pour l'école n'avaient de bêtes d'engrais que le nom, et la preuve même en est dans les entrées de denrées en magasin, nous avons vainement cherché le suif de ces animaux. Savez-vous bien, Messieurs, à quel prix se vendaient, en moyenne, des bêtes de cette nature sur les marchés de Sceaux et de Poissy ? 45 à 50 c., au plus, le kilogramme, avec les issues comprises ; or, comme ces issues forment le quart, au moins, de la valeur de ces animaux, la viande, nette, n'est réellement payée par le boucher que 40 c., au plus, le kilogramme. On peut apprécier, dès lors, le bénéfice fait par la ferme dans la vente à l'école du rebut de son troupeau.

Même observation pour le prix de la vente des pommes, des noix, du cidre, du lait, etc., ainsi que pour le fromage façon gruyère, qui se vend à Paris, hors barrière, 1 fr. le kilogramme, et que la ferme cote à l'école 1 fr. 40 c. Nous ne serons pas taxé d'exagération lorsque nous affirmerons que sur ces 9,507 fr. d'objets vendus à l'école, le bénéfice pour la ferme est de plus de 3,500 fr.

Nous ne voulons pas demander si les employés ne vivent pas souvent de la desserte de l'école ; si les frais de service, le mobilier de cuisine, etc., sont bien équitablement répartis entre l'école et la ferme. Nous nous contenterons des déductions que nous avons tirées du compte même de l'école, et qui établissent évidemment que la ferme tire annuellement de l'école un bénéfice qu'on ne saurait évaluer à moins de 10,000 fr.

Si nous vous parlions du blanchissage, nous vous dirions aussi qu'il s'élève à cent pour cent de plus qu'à Saint-Cyr, ce qui fait encore une différence de 3,000 fr., au moins.

Mais il ne nous suffit pas, Messieurs, de vous parler de l'école sous ses rapports financiers ; il est un autre point de vue sous lequel nous devons, surtout, l'examiner.

L'école n'est pas pour vous, Messieurs, une spéculation, c'est la réalisation d'une grande pensée d'utilité et de progrès ; ce que vous voulez, avant tout, c'est un établissement où, à côté d'une instruction solide et réelle, une direction habile et sage, en maintenant les élèves dans la ligne de l'ordre et du devoir, donne un gage de sécurité aux familles dont les enfans vous sont confiés.

Les vues du Conseil sont-elles remplies ? Nous ne parlerons pas de l'instruction, et cependant, Messieurs, peut-être pourrions-nous demander si cette instruction est à la hauteur même de l'Institution. Nous ne demanderons pas si deux Professeurs, d'un mérite incontesté et que des intrigues ont jetés en dehors de Grignon, quoique tous deux eussent été choisis par vous, nous ne demanderons pas, disons-nous, si ces deux Professeurs sont remplacés, quoique leur chaire soit occupée. Nous n'exprimerons pas le regret de ne pas voir, au nombre des professeurs d'agriculture, des hommes qui aient fait réellement de l'agriculture pratique, dans les conditions ordinaires du métier, et qui puissent apporter le fruit de l'expérience, au lieu de théories apprises à Grignon même ; mais ce dont nous avons droit de rechercher la cause, ce sont ces désordres incessans dont Grignon est le théâtre, désordres qui ont jeté la déconsidération sur l'Institut, par suite desquels la désorganisation de l'école est aujourd'hui un fait malheureusement consommé.

Pour nous tous, Membres du Conseil, Messieurs, les phases par lesquelles s'est péniblement traînée cette fâcheuse histoire du licenciement, est encore présente à vos esprits ; mais ce qui ne s'est peut-être pas suffisamment gravé dans votre mémoire, ce sont les démarches malheureuses auxquelles les actes inconsidérés, puis les réticences calculées de la Direction de Grignon ont donné lieu. Rappelez-vous, Messieurs, que lorsque l'école était déjà licenciée, on est venu vous dire qu'on n'avait pas licencié, mais menacé seulement du licenciement ; puis, on vous a avoué qu'on avait licencié la première division ; enfin, on a fait l'aveu tout entier : on avait licencié la première et la seconde. Combien d'autres réticences encore, pour ne pas dire plus, dans ces incompréhensibles aveux !

Qu'est-il advenu de tout cela ? c'est que dans l'ignorance de la réalité des faits, vous avez pris des arrêtés que l'on a même falsifiés ; la Direction avait trompé pour les obtenir, elle a trompé dans leur exécution. Vous aviez reconnu l'irrégularité du licenciement, la Direction vous a fait dire le contraire ; vous aviez blâmé, elle s'est donné un bill d'approbation ; elle a voulu que le public, que les élèves, eux-mêmes, le lui donnassent à leur tour ; elle a imposé à ceux-ci des conditions que vous n'aviez pas posées, que votre sage prévoyance avait évitées.

Elle a mis sa rigueur d'amour-propre à la place de votre indulgence conservatrice ; elle a compromis la dignité même du pouvoir dirigeant en appelant une intervention de police que vous avez désapprouvée. Elle a détruit pour l'avenir tout le nerf de la discipline en redemandant obséquieusement aux parens le retour des élèves qu'elle avait elle-même renvoyés ; n'en doutez pas, Messieurs, ces fausses et imprudentes mesures ont donné au coup porté à l'école de Grignon, par une démarche inconsidérée et illégale, le retentissement le plus fâcheux ; l'Administration supérieure elle-même s'en est émue, et vous devez craindre que la bienveillance du pouvoir ne s'en soit singulièrement amoindrie.

Je me lasse d'accuser, Messieurs ; cependant la conduite de la Direction ne donne-t-elle pas trop de poids à ces bruits fâcheux, dont déjà, depuis plusieurs années quelques journaux se sont faits l'écho. Depuis long-tems on a prétendu qu'un germe de dissention et de désorganisation couvait au sein de Grignon, et qu'il fallait en rechercher l'origine dans un sentiment trop exclusif de personnalité de la Direction ; elle a voulu, dit-on, que l'Institut fût, en quelque sorte, personnifié en elle ; qu'il devînt son bien, sa chose, son apanage héréditaire, elle a tout concentré ce qu'elle a pu de traitemens et de fonctions dans ses mains ou dans celles des siens et de sa famille ; elle a éloigné tout ce qui lui faisait ombrage, repoussé tout ce qui occupait une position qu'elle pouvait envier, et tout cela, Messieurs, malgré vous, contre vos volontés hautement manifestées, car, lorsque la Direction n'a pas été assez puissante pour vous dominer par elle-même, elle a pris son point d'appui dans les hautes régions du pouvoir : vous aviez refusé un jeune homme comme professeur d'économie rurale, une presque nomination ministérielle vous l'a imposé.

Messieurs, nous sommes arrivé à la fin de la pénible tâche que nous nous étions imposée.

Nous avons montré le mal, nous en avons sondé la source ; maintenant il s'agirait d'en rechercher le remède. Ici, Messieurs, dispensez-nous de conclure ; les mesures qui sont à prendre sont graves ; si ce n'est une organisation complète, c'est, du moins, une modification profonde dans la marche de la Direction qui est impérieusement appelée par les circonstances ; modification au système d'administration, dont un personnel exubérant doit être élagué.

Modification dans la Direction dont la marche doit être tracée d'avance par un budget rigoureux.

Modification, surtout, dans la comptabilité qui, pour cesser d'être d'une élasticité dangereuse, doit rentrer tout entière dans vos attributions; et modifications radicales dans les assolemens, dans les spéculations de bestiaux et dans toutes les conditions de travail.

Toutes ces réformes, Messieurs, je ne fais que vous les indiquer; c'est au sein de vos délibérations que le plan doit s'en développer; c'est votre sagesse qui doit les apprécier. Mais, je le répète, ces réformes sont urgentes, elles sont indispensables, le salut de l'établissement en dépend, l'honneur, la responsabilité morale du Conseil y sont profondément engagés.

UN ACTIONNAIRE.

Paris, 31 mai 1843.

De l'imprimerie de PILLET AINÉ, rue des Grands-Augustins, n. 7.